AF586402

Recueil de Procédés Chimiques

DE

PROCÉDÉS CHIMIQUES

POUR

LES LIQUIDES EN GÉNÉRAL.

TOUTES LES RECETTES SONT ÉPROUVÉES ET GARANTIES PAR L'AUTEUR,

M. LE COMTE DE G* LAZOSKY,**

PROFESSEUR DE CHIMIE,
ET DE L'ACADÉMIE ROYALE DES SCIENCES.

Prix : 3 Fr.

LYON,
IMPRIMERIE DE M.-P. RUSAND.
1833.

RECUEIL

DE

PROCÉDÉS CHIMIQUES

POUR

LES LIQUIDES EN GÉNÉRAL.

TOUTES LES RECETTES SONT ÉPROUVÉES ET GARANTIES PAR L'AUTEUR,

M. LE COMTE DE G* LAZOSKY,**

PROFESSEUR DE CHIMIE,

ET DE L'ACADÉMIE ROYALE DES SCIENCES.

LYON,

IMPRIMERIE DE M.-P. RUSAND.

1833.

RÈGLE GÉNÉRALE

POUR FABRIQUER

TOUTES SORTES DE LIQUEURS,

Sans Distillation.

Pour 10 bouteilles : prenez 8 livres de sucre, 5 livres et demie d'eau : après que le sucre est bien fondu, l'on y ajoute 5 livres d'esprit de vin, et les essences et couleurs qu'on trouve dans les recettes suivantes ; après on filtre.

Persico.

Prenez un gros d'essence de persico.

Huile de noyaux.

Prenez un gros d'essence de noyaux.

Huile de rose.

Prenez 10 gouttes d'essence de rose, et on y ajoute la couleur rose : 1 gros d'extrait de rose peut remplacer les 10 gouttes d'essence de rose, et la liqueur est infiniment meilleure.

Huile de Vanille.

Prenez 2 gros d'extrait de vanille et la couleur ose .

Rosolio.

Prenez un gros d'extrait de vanille, 3 gouttes d'essence de rose, 8 onces d'eau de fleur d'orange, et la couleur rose.

Marasquin.

1 gros d'essence de marasquin, un litre de kirschwasser, une livre d'eau et une livre d'esprit de vin de moins qu'il n'est parlé dans la règle générale.

Anisette.

Prenez 1 gros et demi d'essence d'anis, 8 gouttes d'essence de cannelle de Ceylan.

Véritable Curaçao de Hollande.

Prenez 2 gros d'essence de curaçao, 6 gouttes d'essence de cannelle de Ceylan, le sucre et l'eau. On les fait bouillir 5 minutes avec le jus et la râpure de 60 oranges; on les colore avec du caramel. Pour faire rougir le curaçao dans l'eau, l'on fait infuser demi-once de cochenille pilée dans la même liqueur, pendant 8 jours; après on la filtre.

Huile d'ananas.

Prenez une livre d'ananas râpé, infusez 8 jours dans l'esprit.

Crême de menthe verte.

Prenez un gros d'essence de menthe et la couleur verte.

Citronnelle.

Prenez 2 gros d'essence de citron et la couleur jaune.

Baume humain.

Prenez 3 gouttes d'essence de rose, 8 gouttes d'essence de cannelle, 24 gouttes d'essence de cédrat, 8 gouttes d'essence de macis.

Huile de rhum.

L'on remplace l'esprit par du rhum, et l'on met l'eau en proportion du degré.

Cannelin de Corfou.

Prenez un demi-gros d'essence de cannelle de Ceylan.

Alkermès de Florence,

Prenez 1 gros de vanille, 1 gros de cardamomum, 1 gros de noix muscade, 2 gros de cannelle de Ceylan; toutes ces substances pilées et infusées

3 jours dans l'esprit de vin; après l'on y ajoute 5 gouttes d'essence de rose et la couleur rose.

Garofolino.

Prenez un demi-gros d'essence de gérofle et la couleur rose.

Extrait d'absinthe.

Prenez 4 litres d'esprit, 2 gros d'essence d'absinthe, 2 gros d'essence de fenouil, 2 gros d'essence d'anis, 2 litres d'eau et la couleur verte.

Huile de la Martinique.

Prenez 1 gros d'essence de vanille, 8 gouttes d'essence de néroli, 8 goutes d'essence de cannelle.

Crême de nymphe.

Prenez 24 gouttes d'essence de cannelle de Ceylan, 12 gouttes de muscade, 4 gouttes d'essence de rose.

Huile de cinamonum.

Prenez 1 demi-gros d'essence de canelle de Ceylan; on colore jaune légèrement.

Rose blanche.

Prenez 10 gouttes d'essence de rose, 6 gouttes teinture de musc.

Ruga.

Prenez 8 onces de rhue infusée 8 jours dans l'esprit.

Eau de chasseur.

Prenez 36 gouttes d'essence de menthe, 12 gouttes d'essence de muscade, couleur verte.

Eau d'or.

Prenez 6 gouttes d'essence de cannelle, 10 gouttes d'essence de macis, 1 gros d'essence de citron; on colore couleur de paille avec du jaune, et après l'avoir filtrée on y ajoute une feuille d'or pour chaque bouteille.

Eau d'argent.

Prenez 1 gros d'essence de cédrat, 4 gouttes de rose; après l'avoir filtrée on y ajoute une feuille d'argent pour chaque bouteille.

Eau des belles femmes.

Prenez 1 gros d'essence de vanille, 8 gouttes d'essence de néroli, 2 gouttes d'essence de rose, et la couleur rose.

Parfait amour.

Prenez 36 gouttes d'essence de gérofle, 12 de macis, 1 gros d'essence de citron, et la couleur rose.

Coquette flatteuse.

Prenez 6 gouttes d'essence de rose, 12 gouttes de teinture de musc et 8 de cannelle de Ceylan.

Eau de noix.

Prenez 110 noix vertes pilées, 1 once de clous de gérofle, 2 onces de cannelle; infusez dans 20 litres d'eau-de-vie, pendant 4 semaines; ensuite on la tire au clair et l'on y ajoute 10 livres de sirop ordinaire.

Elixir de néroli.

Prenez 4 gros de myrrhe, 24 gouttes d'essence de néroli; infusez pendant 8 jours dans l'esprit.

Huile de thé.

Prenez 2 onces de thé impérial, infusez 8 jours dans l'esprit.

Huile de gérofle.

Prenez un demi-gros d'essence de gérofle et la couleur rose.

Crême de cédrat.

Prenez 2 gros d'essence de cédrat.

Crême de rose.

Prenez 10 gouttes d'essence de rose et la couleur rose.

Crême d'orange.

Prenez 2 gros d'essence d'orange et la couleur jaune.

Crême de jasmin.

Prenez 2 gros d'essence de jasmin.

Crême à la fleur d'orange.

Prenez une livre d'eau de fleur d'orange triple.

Crême de Portugal.

Prenez 2 gros d'essence de Portugal et la couleur jaune.

Ratafia de Grenoble.

Prenez 50 livres de cerises noires pilées : on les laisse fermenter 3 jours, après on y ajoute 15 litres d'eau-de-vie, 2 onces de cannelle, 1 once de noix muscade : on laisse infuser le tout huit jours, après on le tire au clair et on y ajoute 10 livres de sirop.

Ratafia de coings.

Prenez 4 livres de coings, infusez huit jours dans l'esprit.

Ratafia de fraises.

Le jus de trois livres de fraises.

Ratafia de framboises.

Le jus de trois livres de framboises.

Liqueur stomachique amère.

Prenez 1 once de cachou, 10 grains d'aloès sucotrin, 1 gros de myrrhe, 1 once de cannelle, le tout infusé 8 jours.

Huile d'éther.

Prenez 1 gros d'essence de cédrat, 1 gros d'éther sulfurique.

Huile de kirsch-wasser.

L'on remplace l'esprit par du kirsch, et l'on met moins d'eau en proportion du degré.

Huile de menthe.

Prenez un gros d'essence de menthe.

Huile de violette.

Prenez 2 onces de fleurs de violettes sèches, faites-les bouillir 2 minutes avec le sucre et l'eau de la composition.

Huile de myrrhe.

Prenez 1 once de myrrhe pilée, infusez 8 jours dans l'esprit.

Huile cordiale.

Prenez 8 gouttes d'essence de cannelle de Ceylan, 6 gouttes de gérofle, 6 gouttes de muscade et 15 gouttes de menthe.

Rosolio de Breslau.

Prenez 1 gros de vanille, 4 gouttes d'essence de rose, 6 gouttes de néroli, le sucre et l'eau : on les fait bouillir 5 minutes avec le jus de six oranges et 1 once de capillaire.

RÈGLE GÉNÉRALE

POUR LA DISTILLATION.

L'on mettra premièrement 5 livres d'eau dans l'alambic et 1 livre d'esprit avec les aromates que l'on trouve dans les recettes suivantes ; l'on distille jusqu'à ce qu'on ait reçu la livre d'esprit, alors la distillation est finie. Pendant que cette distillation s'opère, l'on mettra dans une terrine de terre 8 livres de sucre et 5 livres et demie d'eau ; quand le sucre est bien fondu on ajoute 4 livres d'esprit et la livre provenant de la distillation, après on filtre.

Anisette de la Martinique.

Prenez 8 onces d'anis vert, 2 onces d'anis étoilé, 4 gros de cannelle de Ceylan.

Crême moka.

Prenez 8 onces de café grillé, on le met entier dans l'alambic.

Elixir de Garus.

Prenez 2 gros de myrrhe, 2 gros d'aloès sucotrin, 2 gros de noix muscade, 2 gros de clous de gérofle, 1 once de cannelle de Ceylan; on colore jaune.

Mirabolenti.

Prenez 4 onces de mirabolenti, 2 onces de cardamomum.

Curaçao distillé.

Prenez 1 livre d'écorce de curaçao, 1 once de cannelle de Ceylan, infusez trois jours dans l'esprit, après on le distille. Le sirop se prépare comme le curaçao précédent.

Verdolino de Turin.

Prenez 4 gros de myrrhe, 1 once de cannelle de Ceylan, 2 onces de cardamomum, couleur verte.

Eau divine.

Prenez 1 once de cannelle de Ceylan, 4 onces de cacao, 1 gros de myrrhe.

Eau romaine.

Prenez 4 gros de noix muscade, 1 once de cannelle de Ceylan, 1 once de calamus aromaticus.

Huile de Vénus.

Prenez un once de cardamomum, 1 once d'ambrette, 1 once de cannelle de Ceylan, 2 gros de macis, le jus de six oranges.

Lait des vieilles.

Prenez 6 onces de cacao, 1 once de cannelle de Ceylan, 1 once de semence de carotte.

Eau du paradis.

Prenez 4 onces de cacao, 2 onces de cardamomum, 1 once de cannelle de Ceylan.

Anisette de Bordeaux.

Prenez 8 onces d'anis vert, 1 once de coriandre, 4 gros de cannelle de Ceylan.

Eau-de-vie d'Auzihe.

Prenez 4 onces de cacao, 1 once de cannelle de Ceylan, 4 gros de macis, le zeste de 4 citrons, et après avoir filtré on met une feuille d'or pour chaque bouteille.

Eau-de-vie d'Andaye.

Prenez 2 onces d'iris en poudre, 2 onces de graine de genièvre, 2 onces d'anis vert, 2 onces de graine d'angélique, 1 once de cannelle; on met moitié moins de sucre que pour les autres liqueurs.

Eau de la Côte-St-André.

Prenez 1 livre d'amandes de pêches, 1 once de cannelle de Ceylan, le zeste de 10 oranges.

Cédrat de la Côte-St-André.

Le zeste de 10 cédrats.

Champ d'asile.

Prenez 2 onces de carvi, 2 onces d'ambrette, 1 once de cannelle de Ceylan.

Eau de Malte.

Prenez 1 once de cannelle, 1 gros de castorium, 2 gros de macis.

Vespétro.

Prenez 2 onces de graines d'angélique, 1 once de cannelle, 2 gros de macis, le zeste de 10 citrons.

Scubac d'Irlande.

Prenez 3 onces de fenouil de Florence, 2 onces de cannelle de Ceylan, 2 gros de noix muscade; on colore jaune très-foncé.

Macaroni.

Prenez 1 livre d'amandes amères, 1 once de cannelle de Ceylan, 4 gros de noix muscade.

Eau cordiale.

Prenez 2 gros de myrrhe, 1 once de cannelle de Ceylan, 2 onces de cardamomum.

Crême d'absinthe.

Prenez 6 onces d'herbe d'absinthe, 2 onces d'anis.

Crême d'angélique.

Prenez 2 onces de racine d'angélique.

Crême impériale.

Prenez 1 once de semence de carotte, 1 once de cannelle de Ceylan, 2 onces de semence d'angélique, 2 onces d'iris en poudre.

Crême royale.

Prenez 1 once de clous de gérofle, un gros de myrrhe, 1 once de cannelle, 2 onces de carvi.

Huile de Jupiter.

Prenez 2 onces de fenouil, 2 onces de cannelle, 2 onces de cacao, 1 once d'iris.

Huile d'anis des Indes.

Prenez 6 onces de badiane, 1 once de cannelle de Ceylan.

Huile d'absinthe.

Prenez 8 onces d'herbe d'absinthe.

Huile d'angélique.

Prenez 3 onces racine d'angélique, 1 once de cannelle de Ceylan.

Huile de céléri.

Prenez 3 onces de semence de céléri.

Véritable absinthe du Couvet, en Suisse.

Prenez 5 litres d'esprit, 4 litres d'eau, 14 onces d'herbe d'absinthe, 7 onces de fenouil de Florence, 14 onces d'anis, 2 onces d'herbe de menthe, le tout infusé 8 jours; ensuite on le presse et on distille le liquide seul, puis on le colore olive.

Couleur olive.

On colore la liqueur d'un beau bleu de ciel, et pour la rendre olive l'on y ajoute du sucre brûlé.

Couleur rose pour toutes les liqueurs.

Prenez 1 once de cochenille pilée, 2 onces de cendres de bois, 2 livres d'eau; on les fait bouillir 5 minutes dans une casserole de terre, et l'on colore la liqueur à volonté.

Couleur jaune.

Prenez 1 gros de safran infusé dans un verre d'eau chaude.

Couleur verte.

Des tablettes de bleu cannelé, que les épiciers vendent pour le linge : on en fait dissoudre dans un verre d'eau chaude, l'on colore la liqueur d'un beau bleu de ciel, et pour la rendre verte, l'on y ajoute de la teinture de safran.

Couleur violette.

On colore la liqueur rose pâle, et l'on y ajoute un peu de bleu.

RÈGLE GÉNÉRALE

Pour les glaces à la crême.

Prenez 3 livres du meilleur lait, le jaune de 8 œufs et 12 onces de sucre; on fait cuire sur un feu doux de la manière habituelle, avec les aromates que l'on trouve dans les recettes suivantes, selon la qualité que l'on désire faire.

Crême au chocolat.

Prenez six onces de chocolat superfin râpé dans la crême.

Crême à la vanille.

Prenez 1 gros de vanille de la première qualité.

Crême au café.

Prenez 6 onces de café grillé, on le met entier dans la crême.

Crême aux amandes grillées.

Prenez 4 onces d'amandes amères coupées en 4 et grillées comme l'on fait griller le café.

Crême aux pistaches.

Prenez 4 onces de pistaches, on les fait blanchir dans l'eau chaude, puis on les pèle et on les coupe en quatre.

Crême à la fleur d'orange.

Prenez 4 onces de fleurs d'orange confites, bien pilées avec le sucre.

Crême au cédrat.

Prenez la râpure de 4 cédrats.

Crême à la cannelle.

Prenez 4 gros de cannelle de Ceylan.

Nota. Pour toutes les liqueurs appelées crêmes, on fait bouillir le sucre et l'eau 2 minutes.

RÈGLE GÉNÉRALE
pour les glaces au fruit.

Prenez 2 livres de sirop bien cuit, 1 livre d'eau avec le parfum indiqué ci-dssous.

Glace au fraisier.

Prenez le jus de 2 livres de fraises et de 3 citrons.

Glace au citron.

Prenez le jus de 12 citrons.

Glace aux framboises.

Prenez le jus de 2 livres de framboises et de 3 citrons.

Glace aux pêches.

Prenez le jus de 2 livres de pêches et de 3 citrons.

Glace aux abricots.

Prenez le jus de 2 livres d'abricots et de 3 citrons.

Glace à la rose.

Prenez 1 livre d'eau de rose, le jus de 6 citrons et la couleur rose.

Glace à la fleur d'orange.

Prenez 6 onces d'eau de fleur d'orange et le jus de 6 citrons.

Glace à la cannelle.

Prenez 6 onces d'eau de cannelle de Ceylan et le jus de 6 citrons.

Glace aux oranges.

Prenez le jus de 10 oranges.

Glace au marasquin.

Prenez 20 gouttes d'essence de marasquin et le jus de 4 citrons.

Recette pour fabriquer le vin de Malaga.

Prenez 16 bouteilles de bon vin blanc, 4 livres

de sucre en poudre, 2 gros de cachou, 4 gros de fleurs de cartame, 2 livres de véritable raisin sec de Malaga, pilé comme une pâte de beurre; faites bouillir le tout ensemble pendant une minute; après que ce mélange est froid, donnez-lui la couleur avec du sucre brûlé; filtrez le tout et mettez-le dans un tonneau goudronné exprès. Comme il faut soufrer le tonneau pour le vin blanc, vous y ajoutez 1 litre d'esprit de vin.

Vin de Lacryma-Christi.

Prenez 25 livres de bon vin rouge, demi-livre de corente, 2 livres de sucre, 2 onces de fleur de pavot, 4 gros de safranum, 1 gros de cachou; on fait bouillir le tout une seule minute; après qu'il est froid, l'on y ajoute 20 onces d'esprit de vin et on le filtre.

Vin muscat de Frontignan.

Prenez seize bouteilles de vin blanc ordinaire, un kilogramme de sucre, demi-kilogramme de raisin muscat sec, un gros de noix muscade râpée, un gros de fleur de sureau, le tout bien délayé et infusé : huit jours après on y ajoute demi-litre d'esprit de vin, et on filtre.

Vin de Madère.

Prenez 16 bouteilles de vin blanc, 2 livres de sucre, 2 livres de figues sèches pilées, 2 onces de fleurs de tilleul, un gros de rhubarbe orientale, un grain d'aloès sucotrin; faites bouillir le tout pendant une minute, et après filtrez; ajoutez ensuite 1 litre et demi d'esprit de vin.

Vin de Champagne mousseux.

Prenez 16 bouteilles de vin blanc très-blanc, 3 livres de sucre en pain, 1 gros de semence de céleri pilé, 2 onces de bi-carbonate de soude, 2 onces d'acide tartarique; après que le tout est bien fondu, on y ajoute 12 onces d'esprit-de-vin, on filtre et on met en bouteille.

Eau-de-vie de Cognac.

Prenez 100 litres d'esprit, 4 onces de fleur de tilleul, 2 onces de thé, 1 once de cachou brut pilé, 2 gros de rhubarbe, 2 gros de noix muscade, 3 grains d'aloès sucotrin; faites infuser le tout pendant huit jours, et après on le réduit avec de l'eau de pluie, et l'on y ajoute d'un verre jusqu'à quatre verres de jus de raisin par velte.

EAU-DE-COLOGNE.

Véritable recette de Jean-Marie Farina.

Prenez 2 litres d'esprit de vin à 33 degrés, 2 onces d'essence de bergamotte, 1 once d'essence de citron, 2 gros d'essence de néroli, 4 gros d'essence de gérofle, 3 gros d'essence de lavande, 2 gros d'essence de romarin, le tout bien mélangé, et passez au filtre.

Véritable Elixir de longue-vie.

Prenez 1 litre d'esprit de vin à 33 degrés, 2 litres d'eau-de-vie à 22 degrés, 2 onces d'aloès sucotrin, 2 gros de zéodoria, 2 gros de gentiane, 4 gros de rhubarbe, 2 gros d'agaric blanc, 1 once de thériaque de Vénise, 4 gros de safran; le tout ensemble infusé pendant huit jours, passez ensuite au filtre.

Limonade gazeuse en paquet.

Prenez 1 once de sucre, 1 gros de bi-carbonate de soude, ces deux substances bien pilées ensemble et conservées dans du papier. Quaud on veut faire la limonade, on a dans un autre papier

1 gros d'acide tartarique en poudre, on mêle le tout ensemble et on le verse dans un grand verre d'eau.

Kirsch-Wasser.

Prenez 4 litres d'esprit, 1 gros d'essence de noyau et 20 gouttes d'essence de néroli ; après l'on y ajoute 2 litres d'eau.

Eau de fleur d'orange.

Prenez 1 gros de néroli surfin : on le met dans un verre avec de la magnésie, on en fait une pâte dure, après on la délaye dans 6 bouteilles d'eau, et on filtre.

Eau de rose.

Un gros essence de rose pour 12 bouteilles d'eau préparée comme la recette ci-dessus.

Bière de gingembre anglaise.

Prenez 10 livres d'eau, 15 onces de sucre, le jus et la râpure de deux citrons, 12 gros de gingembre pilé, une once de levure de bière ; on laisse fermenter le tout pendant 48 heures, on filtre ensuite et on met en bouteilles.

Pour fabriquer le lait de carmin, pour la toilette des dames.

(Ce lait a la propriété de blanchir la peau, de lui donner la teinte d'un blanc rosat très-fin et d'en faire disparaître les taches). Prenez 2 livres de jus d'ognon, 4 onces étrace du Levant, 1 once essence de jasmin, 1 once d'esprit de rose, le tout ensemble infusé pendant 24 heures ; filtrez-le et et mettez-le en bouteilles.

Moutarde de santé.

Prenez 46 litres de bon vinaigre, 2 onces de

clous de gérofle, 2 onces de cannelle, 1 once d'essence de citron, 4 gros de cayenne des Indes, une livre d'herbe d'estragon, 4 onces d'herbe de thym; infusez le tout pendant huit jours. Ajoutez ensuite 1 livre de ciboule pilée, pressez le tout à la presse, et filtrez. Ensuite on y mélange 36 livres de farine de moutarde, 4 livres de fécule de pomme de terre, 4 livres de sucre; mélangez bien le tout.

Pour composer en un instant de l'encre noire azurée.

Prenez 8 onces de vin blanc, 1 once de véritable noir d'ivoire, 1 demi-gros d'indigo du Bengale pilé, 2 gros de gomme arabique pilée, 1 once de sucre; mélangez bien le tout et faites chauffer à 25 degrés de chaleur.

Pour faire du très-bon vinaigre avec de l'eau.

Prenez 4 onces de farine de moutarde, 4 onces de poivre long, 1 livre d'acide tartarique, 2 livres de melasse, 10 livres de farine ordinaire; faites du tout une pâte comme pour faire du pain, laissez cette pâte bien pliée dans un linge, dans un lieu un peu chaud, pendant 48 heures; ensuite on fait cuire cette pâte au four comme un pain, on la coupe après en petit morceaux, et on la met dans un petit tonneau contenant 125 bouteilles d'eau à 25 degrés de chaleur et sur du marc de vinaigre; on y ajoute 5 litres d'esprit de vin. Le local où la préparation est faite doit être échauffé à 25 degrés.

Procédé chimique pour se réveiller à l'heure que l'on désire.

Prenez 2 litres de vinaigre, 8 onces de sel de

Saturne ; plongez dedans une corde de la grosseur du petit doigt : faites bouillir un quart-d'heure et ensuite sécher la corde. On place une sonnette avec un ressort attaché avec une ficelle bien tendue. Au-dessous l'on place une bougie et l'on attache la corde préparée dans une longueur d'autant de pouces que l'on veut qu'elle dure d'heures : l'extrémité de la corde préparée doit aboutir sur la mèche de la bougie ; on met sur cette mèche un peu de soufre. Quand la corde préparée est consumée, le soufre prend feu, la bougie allume la petite ficelle qui tient le ressort, laquelle, en se rompant, fait retentir la sonnette qui reveille. Avant de se coucher on met le feu à l'extrémité opposée de la corde préparée qui sert de mèche.

Baromètre chimique.

Prenez 1 gros de salpêtre, 3 gros de camphre, 1 gros de sel ammoniac, 4 onces d'esprit à 36 degrés : mettez le tout dans un flacon ouvert. Quand le temps est beau, la composition est limpide, et quand le temps veut changer, la composition devient trouble.

Pastilles pour parfumer les appartemens.

Prenez 1 livre de charbon de boulanger pilé, 1 once de benjoin, 2 gros d'estorax, 2 gros de baume de Pérou ; puis avec de l'eau de gomme on fait une pâte du tout.

Opiat anglais pour les dents.

Prenez 1 once de pierre ponce bien pilée, et tamisée, 1 once de terre sigillée, 6 gros de corail rouge préparé, 4 gros de sang de dragon, 2 gros d'acide tartarique, 1 gros de poudre de rose, 4 gros de clous de gérofle, 4 gros de cannelle ; le tout bien pilé ensemble et passé au tamis fin.

Taffetas anglais.

Mettez 1 once de colle de poisson dans 2 onces de vinaigre ; après que la colle est bien fondue, on la fait bouillir jusqu'a ce qu'elle soit réduite à moitié ; ensuite on y met 30 gouttes d'essence de gérofle. On enduit le taffetas avec un pinceau, de trois ou quatre couches de ce mélange.

Pour nettoyer les vieux tableaux.

Prenez 2 onces d'essence de térébenthine, 1 once d'esprit-de-vin bien mélangé, avec du coton. On lave le tableau, aussitôt on y passe une couche de térébenthine seule, et s'il y a des taches, on les lave avec de l'esprit seul, et ensuite on y passe l'huile de térébenthine. S'il se trouve des taches difficiles à enlever, on les lave avec de la teinture de cali ; sel tartari ; après on y passe un vernis composé de trois onces de mastic choisi et dissout dans huit onces d'essence de térébenthine.

Véritable Cirage anglais.

Prenez 1 livre de sucre en poudre, 8 onces de noir d'ivoire, 4 gros de gomme arabique, 1 gros d'indigo, le jus de 4 citrons, 8 onces de vinaigre, 1 once d'huile d'olive, 1 demi-gros d'essence de citron ; mélangez bien le tout et ajoutez-y ensuite 1 once et 4 gros d'acide sulfurique.

Procédé chimique pour graver sur le verre.

Couvrez le verre d'une couche de cire vierge, écrivez avec une plume ce que vous désirez graver. Mettez dans une assiette 2 onces de castine pilée et 2 onces d'acide sulfurique ; placez le verre sur l'assiette, de manière que l'air ne puisse pénétrer. Le gaz qui se développe de la castine et de l'acide a la propriété de ronger le verre.

Secret pour teindre rose à la mode chinoise.

Prenez 4 livres d'orcanète pulvérisée, 8 livres d'huile fine, et faites infuser pendant 8 jours. On trempe la soie ou le coton dans cette composition, et après les avoir bien fait sécher on les met dans une lessive de 25 litres d'eau et 8 livres de potasse; cette dernière substance absorbe l'huile; ensuite on lave bien les objets dans de l'eau fraîche.

Encre à marquer le linge.

Prenez 1 once de sous-carbonate de potasse fondu dans quatre gros d'eau bouillante. Ajoutez 4 gros de rognure de peau de veau coupée par petits morceaux, et 2 gros de fleur de soufre; faites bouillir le tout dans une cuiller de fer jusqu'à ce qu'il soit sec : ensuite faites réchauffer vivement jusqu'à ce qu'il soit rouge; après ajoutez un peu d'eau pour le rendre liquide.

Pâte minérale pour repasser les rasoirs.

Prenez 1 livre de rouge d'orfévre, 1 once d'essence de citron, et une quantité suffisante de graisse de cochon salé pour faire une pâte dure.

Cire à cacheter.

4 Onces gomme laque,
4 onces térébenthine,
1 once blanc d'Espagne,
1 once carmin chinois,
2 gros benjoin.

Pour faire de la glace.

2 Onces muriate d'ammoniac,

2 onces nitrate de potasse,
3 onces sulfate de soude;

Le tout bien pilé et mélangé dans cinq onces d'eau, dans l'espace de 10 minutes, vous aurez de la glace.

Pour graver sur l'acier.

Couvrez l'acier avec de la cire fondue, tracez les lettres que vous désirerez y graver, après mettez dessus de l'acide nitrique.

Pour fabriquer l'encre.

1 Livre de sulfate de fer,
3 livres de noix de galle pilées,
2 livres d'eau,
2 livres de bois de campêche,
1 once de gomme arabique,
4 gros d'indigo,
2 livres de vinaigre.

Pour purifier les huiles.

Battez pendant un quart-d'heure 100 livres d'huile avec 4 onces d'acide tartarique en poudre; ensuite l'on ajoute 2 pintes de lait bouillant, et 20 livres d'eau; on mêle bien le tout; après on le sépare.

Pour changer l'eau en vin.

2 Litres de vin dans une grosse bouteille,
4 onces de véritable noir d'ivoire,

Qu'on a soin d'agiter quelquefois dans l'espace de 12 heures; après on le filtre, on le met sur table dans des carafes comme si c'était de l'eau. S'il y a des étrangers à table on leur dit qu'il serait agréable de changer l'eau en vin, l'on fait apporter des bouteilles vides dans lesquelles l'on aura mis d'avance une cuiller à soupe de teinture de bois de Brésil, en remplissant la bouteille avec ladite carafe, le vin reprend sa couleur, et l'on croit que c'est de l'eau changée en vin.

Pour fabriquer la poudre à fusil.

10 onces de nitre,
2 onces de charbon de noisette,
1 once et demi de soufre.

Les trois objets séparément bien pilés et tamisés, après on les réunit parfaitement et on en fait une pâte dure avec de l'eau; aprés on la rape avec une fine rape et on la fait sécher.

Produire des flammes de feu.

L'on verse ensemble dans une terrine de terre un grand verre d'huile de térébenthine et égale quantité d'acide nitrique fumant.

Recette pour composer de la poudre d'or et de la poudre d'argent; poudre qui peut servir à dorer et à argenter toutes sortes de métaux.

Prenez des feuilles d'or ou d'argent; broyez-les bien avec du miel sur un marbre, de manière à former une pâte dure; délayez ensuite cette pâte dans un grand verre d'eau; laissez précipiter l'or ou l'argent; décantez l'eau; remettez-en, et changez-la trois ou quatre fois. Après que l'or ou l'argent est dépouillé de l'eau, mettez par-dessus de l'acide nitrique, en quantité égale à celle de votre or ou argent; faites chauffer le tout; lavez-le de nouveau dans plusieurs eaux; après quoi, faites sécher votre poudre.

Quand on veut dorer ou argenter un métal quelconque, on le polit bien avec de l'acide nitrique mélangé d'eau, on l'essuie avec une peau de castor, après cela l'on mouille la poudre d'or ou d'argent, et l'on en frotte bien le métal.

Recette pour faire le mercure fulminant.

Prenez 1 once de mercure et 12 onces d'acide nitrique ; faites fondre le tout sur un feu doux dans un vase de verre : après qu'il est fondu, laissez-le refroidir, puis ajoutez y 4 onces d'esprit de vin à 36 degrés. Remettez ce mélange sur le feu, et laissez-le chauffer jusqu'à ce qu'il fermente ; retirez-le ensuite et faites-le filtrer par-dessus un entonnoir de verre ; l'eau qui filtre a la propriété de noircir les cheveux.

Recette pour composer le muriate de chaux.

Prenez de l'acide muriatique dans une terrine, ou vase de terre ; mettez-y de la chaux vive en poudre, et passée dans un tamis fin, jusqu'à ce que vous ayez formé une pâte dure ; puis faites sécher cette pâte jusqu'à ce qu'elle soit ferme comme une pierre.

www.ingramcontent.com/pod-product-compliance
Lightning Source LLC
LaVergne TN
LVHW052022160826
845678LV00003B/1170